JN288703

いのちのなぞ

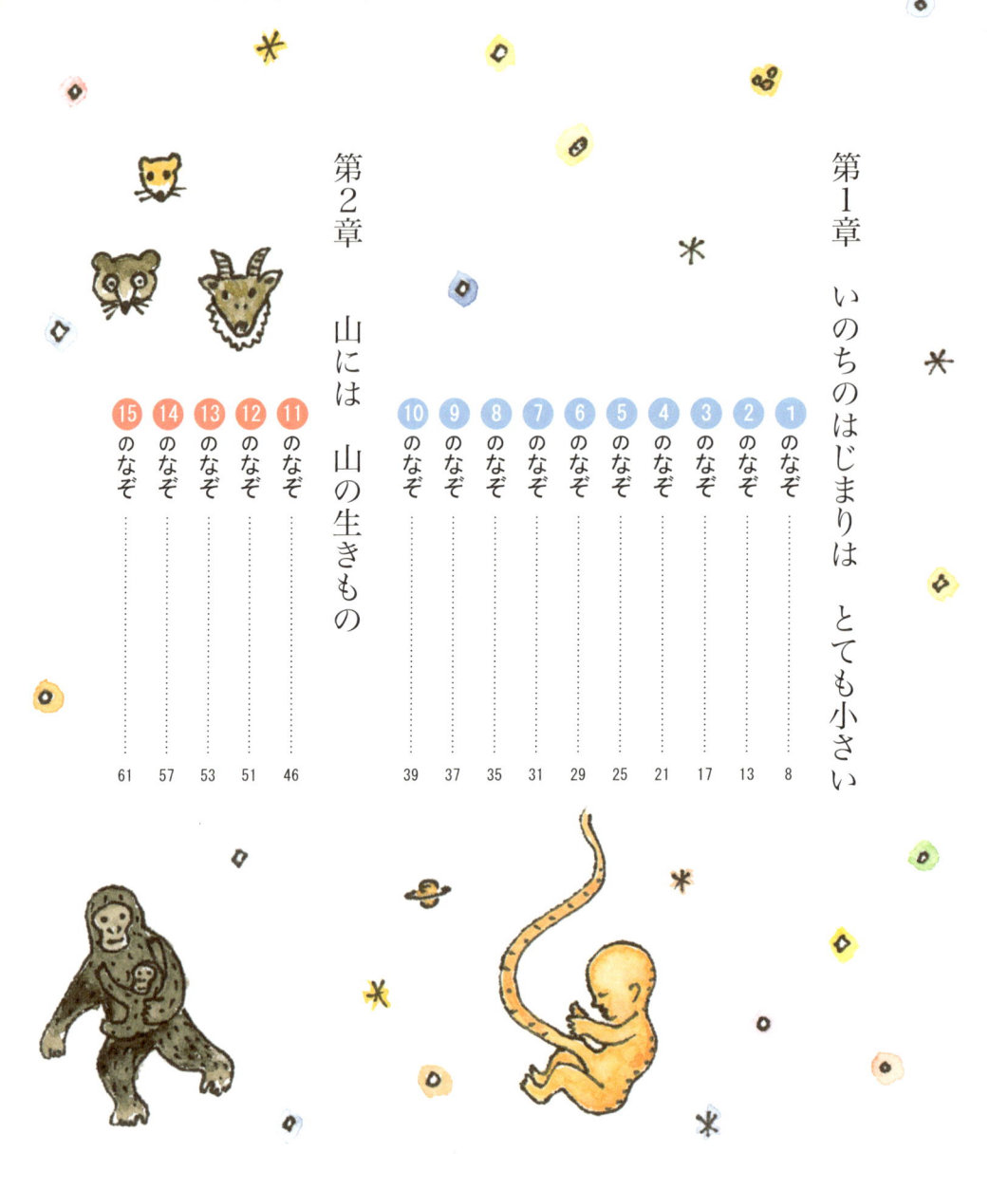

第1章　いのちのはじまりは　とても小さい

① のなぞ ……… 8
② のなぞ ……… 13
③ のなぞ ……… 17
④ のなぞ ……… 21
⑤ のなぞ ……… 25
⑥ のなぞ ……… 29
⑦ のなぞ ……… 31
⑧ のなぞ ……… 35
⑨ のなぞ ……… 37
⑩ のなぞ ……… 39

第2章　山には　山の生きもの

⑪ のなぞ ……… 46
⑫ のなぞ ……… 51
⑬ のなぞ ……… 53
⑭ のなぞ ……… 57
⑮ のなぞ ……… 61

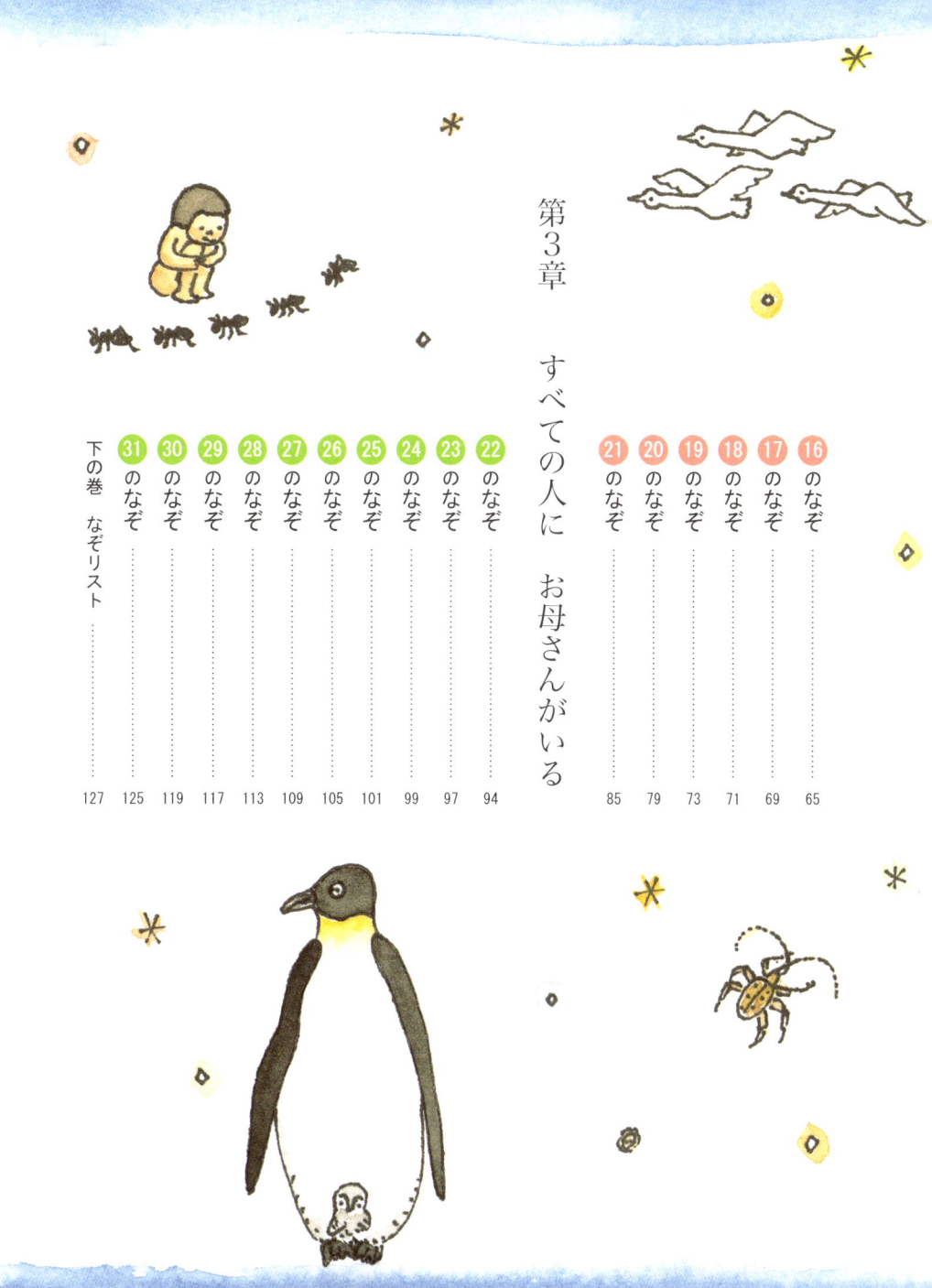

第3章 すべての人に お母さんがいる

- 16 のなぞ ……… 65
- 17 のなぞ ……… 69
- 18 のなぞ ……… 71
- 19 のなぞ ……… 73
- 20 のなぞ ……… 79
- 21 のなぞ ……… 85
- 22 のなぞ ……… 94
- 23 のなぞ ……… 97
- 24 のなぞ ……… 99
- 25 のなぞ ……… 101
- 26 のなぞ ……… 105
- 27 のなぞ ……… 109
- 28 のなぞ ……… 113
- 29 のなぞ ……… 117
- 30 のなぞ ……… 119
- 31 のなぞ ……… 125
- 下の巻 なぞリスト ……… 127

第1章　いのちのはじまりは　とても小さい

いのちのはじまりは とても 小さい
あなたも わたしも
お母(かあ)さんの おなかの中で
もとは
目に見えないくらいの 小さな たまご

地球に はじめてうまれた 生きものも
目に見えないくらいに 小さかった
それが どんな 生きものだったのか
小さすぎて
むかしすぎて
今は だれにも わからない

1 のなぞ どれがわたしのたまごでしょう？

わたしたちは、メダカと、カメと、アゲハチョウと、ダチョウと、ゾウです。

このたまご、毛があるよ。　①

きいろくて、ぴかぴか。　②

目に見えないくらいの
小さなたまご。

ここ→　③

まるくて、まっしろ。
ピンポン球（だま）みたい。　④

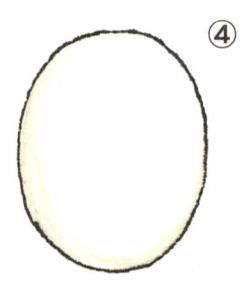

⑤

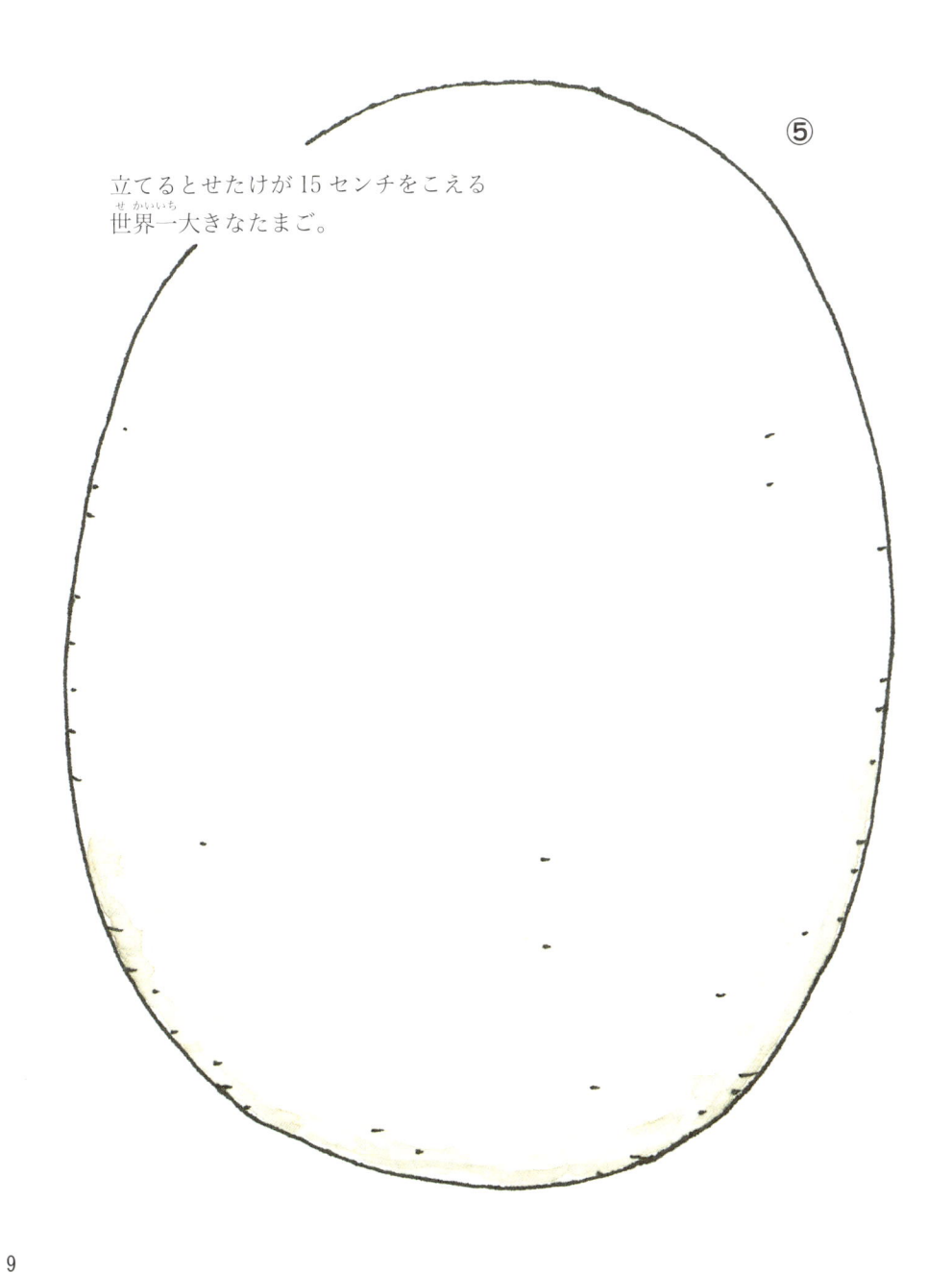

立てるとせたけが15センチをこえる
世界一大きなたまご。

1 のなぞのこたえ

①メダカ

②アゲハチョウ

③ゾウ

④カメ

⑤ダチョウ

あれ？「ゾウのたまご」なんて、あるのでしょうか？
ゾウはあかちゃんでうまれますよね。
でも、ゾウもはじめは、お母(かぁ)さんのおなかの中で、たまごだったのです。人も、そうです。あなたもわたしも、はじめはたまごでした。

たまごでうまれる動物も、あかちゃんでうまれる動物も、みんな、もとは、小さなたまごです。ちがうのは、たまごのままでお母さんからうまれるか、たまごのうちはお母さんのおなかの中にいて、あかちゃんとしてうまれるかです。

お母さんからあかちゃんとしてうまれる動物を「哺乳類」といいます。

わたしたちは、「動物」の中の、「哺乳類」の、「人」です。

2 のなぞ

あなたは、どんなたまごだったのでしょう？想像（そうぞう）して、絵にかいてみましょう。

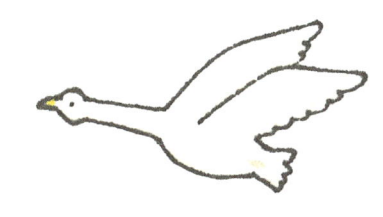

2 のなぞのこたえ

どんなたまごがかけたかな。どの絵もみんな、ほんとうかもしれませんよ。だって、あなたがたまごだった時の姿を見た人は、だれもいないのですから。

それでも、人のたまごは、たいてい、こんなふうです。

↑ここ

大きさは0.2ミリ、ほとんど目に見えません。これが2週間のうちに10倍に育ちます。

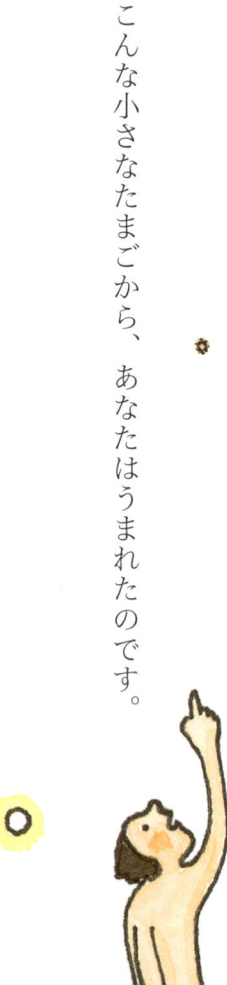

こんな小さなたまごから、あなたはうまれたのです。

そして、あなたがお母(かあ)さんからうまれた時、手はこれくらいの大きさだったはずです。

ここに、あなたの手をかさねてみましょう。あなたは、なんて大きくなったのでしょう！

16

3 のなぞ　あなたのたんじょう日は、いつ？

３ のなぞのこたえ　あなたが書いてね。

（　　）年（　　）月（　　）日

それは、あなたがお母さんからうまれた日ですね。

では、お母さんからうまれる前、あなたはどこにいたでしょう？

そう、お母さんのおなかの中ですよね。あなたは、うまれる前から、もう、この世にいたのです。

それでは、あなたがほんとうにうまれた時、つまり、お母さんのおなかの中で、たまごとしていのちをもつようになったのは、いつでしょう？

お母さんのおなかには、卵巣とよばれるたまごの部屋と、子宮とよばれるあかちゃんのための部屋があります。卵巣にあるたまごは、まだ人としてのいのちをもっていません。それが、いのちをもつようになると、子宮にやってきます。

たまごは子宮の中で、お母さんの体から栄養をもらいながら、

成長していきます。こうして、だんだんと人の姿になって、やがてあかちゃんとしてうまれます。たまごがいのちをもつようになってから、およそ280日後のことです。

さあ、もうわかったかな。

あなたのほんとうのたんじょう日は、いつでしょう？

（　　）年（　　）月（　　）日ころ

[計算の方法]

たんじょう日の280日前がいつかがわかればいいのですよね。といっても、ちょっと計算がむずかしいかな？　とりあえず、月だけ9か月前にしてみましょう。

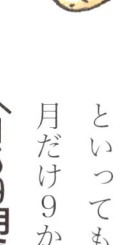

〈1〜9月うまれの人〉

ほんとうのたんじょう日は前の年になります。月は、うまれ月に3をたします。

（19□□−1）年（□＋3）月

たとえば、1996年6月3日うまれの人なら、

(1996−1) 年 (6＋3) 月

1995年9月3日ごろがほんとうのたんじょう日です。

〈10、11、12月うまれの人〉

かんたんですよ。うまれ月から9をひけばいいだけです。

19□□年 (□−9) 月

たとえば、1997年12月24日うまれの人なら、

1997年 (12−9) 月

1997年3月24日ごろがほんとうのたんじょう日です。

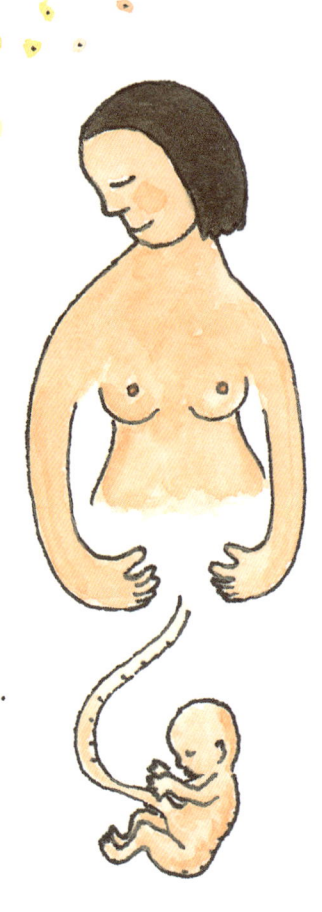

4 のなぞ　あなたのいのちは、どこからきたのでしょう？

4 のなぞのこたえ

じつは、わたしにもわかりません。たしかなことは、だれにもわからないのです。それでも、あなたのお父さんとお母さんが愛しあった時に、あなたといういのちがたまごにやどったことは、たしかです。

その瞬間に、どんなことがおきたかは、かなりよく、わかっています。

お母さんの体には、卵巣とよばれるたまごの部屋がありましたね（3のなぞ参照）。このたまごは、じつはまだ、だれになるかわからない「たまごのもと」で、「卵子」とよばれます。卵子は2つの卵巣に、あわせて10万くらいあります。それが、毎月1つずつ、順番に出てきます。

卵子が、いのちをもったたまごになるためには、精子が必要です。精子はお父さんからやってきます。精子は一度に何億もやってきま1つの卵子のところに、精子は

すが、その中のたった1つが、卵子といっしょになります。
これが、いのちのうまれる瞬間です。
あなたは10万のうちの1つの卵子と、数億のうちの1つの精子とが出会って、うまれたのです。

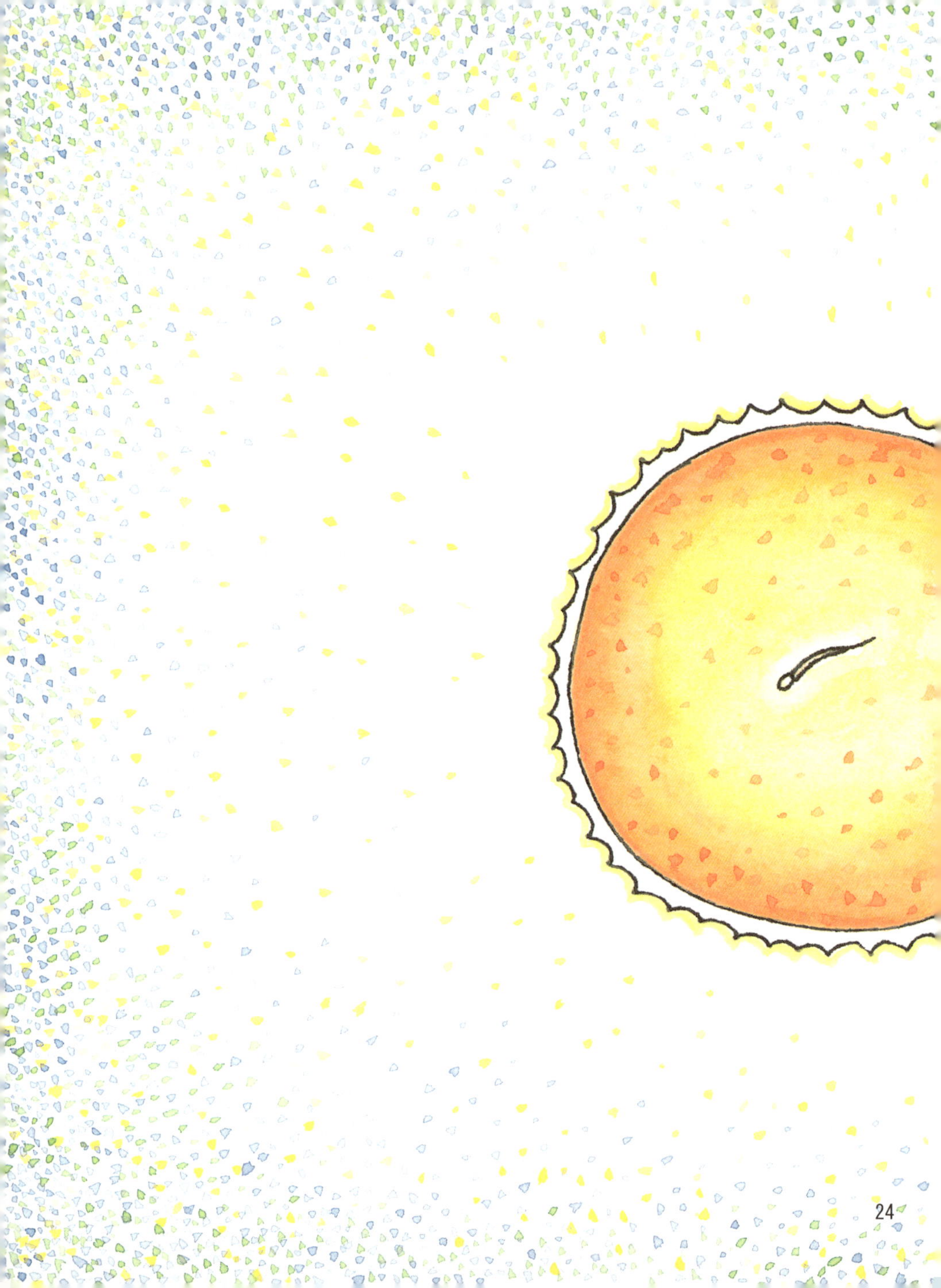

⑤ のなぞ　どんな生きものも、はじめはたまごなの？

5 のなぞのこたえ　いいえ、そうでない生きものもいます。

人もゾウも、お母さんのおなかの中で、はじめはたまごでしたよね。では、一生のはじまりが、たまごではない生きものはいるのでしょうか。

植物はどうかな？　たまごでなく、種ですよね。タンポポのような小さな草も、イチョウのような大きな木も、植物は種からうまれます。種は、植物のたまごのようなものなのです。

では、キノコは、何からうまれるでしょう？　胞子とよばれる、小さなつぶです。カビやコケ、シダなども、胞子からうまれます。これも、たまごのようなものです。

すると、生きものはみんな、たまごか、たまごのようなものからうまれるのでしょうか？

いいえ、生きものの中には、それとはぜんぜんべつのうまれかたをするものがいます。

池の水を顕微鏡で見たことはあるかな？　目では見えなかった小さな生きものがたくさんいるのがわかります。こういう小さな生きものを「微生物」とよびます。微生物は、空気中や、土の中にもたくさんいます。

微生物の多くは、「分裂」してふえる生きものです。アメーバ、ゾウリムシ、ミカヅキモ、ケイソウなど、ふだんはどれも、1つが2つに分裂し、それぞれがまた2つに分裂します。ですから、1つが2つ、4つ、8つ、16、32……と、ふえていくのです。

こんなふうに、たまごがなくても、新しいいのちがうまれるのですね。

スズメ
カンガルー
ゴリラ
人
カバ
ゾウ

28

6 のなぞ

この中で、お母さんからたまごでうまれる動物はどれでしょう？

- フグ
- テントウムシ
- シジミチョウ
- トカゲ
- オトシブミ
- ザリガニ
- カタツムリ
- カエル
- カモノハシ
- ネズミ
- ラッコ
- サメ
- ライオン

6 のなぞのこたえ　このページの動物たちです。

- シジミチョウ
- テントウムシ
- オトシブミ
- ザリガニ
- サメ
- カタツムリ
- カエル
- フグ
- スズメ
- トカゲ
- カモノハシ

7 のなぞ

おや、なき声がきこえます。哺乳類(ほにゅうるい)のあかちゃんたちがおなかをすかせたようですよ。あかちゃんの食べものは、何でしょう？

7 のなぞのこたえ　おっぱい（母乳）

あかちゃんでうまれる動物が「哺乳類」でしたよね（1のなぞ参照）。「哺乳」というのは、「母乳をのませる」という意味なのです。

哺乳類のあかちゃんにとって、はじめての食べもの、それが母乳です。母乳には、あかちゃんの成長に必要な栄養がたっぷりと入っています。でも、それだけではありません。いろいろな病気に対する「免疫」(病気とたたかう力)も、母乳を通じて、お母さんからあかちゃんに渡されるのです。

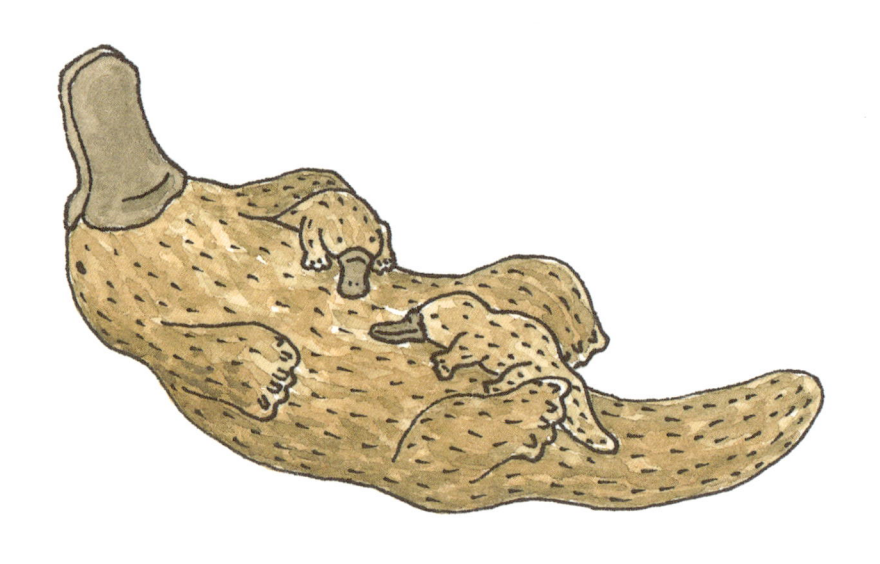

カモノハシはたまごでうまれるめずらしい
哺乳類です。だから、おっぱいをのみます。
でも、のみかたがかわっていて、お母さん
の胸の毛にしみだした母乳をなめます。

⑧ のなぞ

地球最初の生きものは、何からうまれたの？

生きものはみんな、生きものからうまれますよね。でも、地球ははじめ、生きもののいない星でした。いつかどこかで最初の生きものがうまれたのです。生きものでないものから、どうやって生きものがうまれたのでしょう？

8 のなぞのこたえ　海にとけていた物質が集まって、うまれたと考えられています。

地球最初の生きものが、どこで、どうやってうまれたのか、たしかなことは、まだわかっていません。ただ、おそらく海の中で、それも、海底の熱水噴出孔の近くでうまれたのではないかと考えられています。

物質をこまかくわけていくと、元素というものにわけられます。地球にはおよそ100種類の元素がありますが、生きものの体は、そのうちの10種類の元素からできています。中でも多い元素は、炭素、酸素、窒素、水素などです。このようすが、地球上でいちばん海に似ているといわれているのです。

わたしたちの体は半分以上が水ですが、いろいろなものがとけこんでいて、その濃さが、海水にとても近いそうです。これも、遠い祖先が、海でうまれたしるしかもしれませんね。

9 のなぞ　地球最初の生きものは、どんな生きものだったの？

⑨ のなぞのこたえ　目に見えないくらいに、小さな生きものでした。

地球は46億年前という、気の遠くなるような大むかしにうまれました。それから8億年たったころには、もう、生きものがうまれていたといわれています。

最初の生きものが何だったのか、ほんとうのところは、だれにもわかりません。ただ、とても小さかったことだけは、たしかです。

今わかっているいちばん古い生きものは、38億年前の海にすんでいました。おそらく古細菌の仲間で、大きさは数ミクロンしかありませんでした。

ミクロンというのは1000分の1ミリですから、この生きものを100集めて1列にならべると、ようやく人のたまご1つ分の長さになるくらいに、小さい生きものだったのです。

また、地球最初の生きものは、「細胞」1つでできた生きものでした。

10 のなぞ 細胞って、なあに？

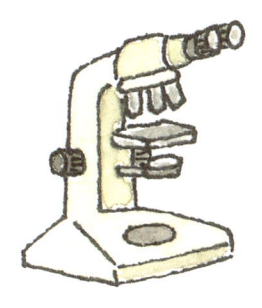

10 なぞのこたえ いのちの、いちばん小さないれものです。

細胞(さいぼう)は、いのちに必要なものをいれた、小さな袋(ふくろ)か、箱(はこ)のようなものです。

生きものはみんな、細胞でできています。

細菌やアメーバのように、細胞1つでできている小さな生きものもいれば、ゾウやクジラ、モミの木のように、たくさんの細胞が集(あつ)まってできている大きな生きものもいます。世界一大(せかいいち)きなシロナガスクジラも、目に見えないくらいの小さな細胞の集まりでできているのです。人も、そうです。

あなたははじめ、たまごでした。たまごは1つの細胞です。それが2つ、4つ、8つ、16、32・・・とふえていったのです。そうして今では60兆(ちょう)もの細胞をもっています。

60兆って、どれくらいたくさんなのでしょう。数字(すうじ)で書くと、60,000,000,000,000。0が13個(こ)もつきます。

もしも60兆枚のパンでサンドイッチをつくったら、テーブルにおいたサンドイッチのてっぺんは、月なんか軽く通りこし、火星も木星もとびこして、わっかのある土星にとどきそうなくらいなんですよ！

42

第2章　山には　山の生きもの

山には 山の生きもの
里には 里の生きもの
川には 川の
海には 海の 生きものがいる
南極にも 砂漠にも 生きものがいる

この たくさんの 生きものたちは
いったい どこから きたのだろう
自分(じぶん)に ふさわしい すみかを
どうやって 見つけだしたのだろう

11 のなぞ

今地球には、何種（種類）の生きものがいるでしょう？

① 4000
② 100万
③ 200万
④ 1000万

47

⑪ のなぞのこたえ　今知られているのは③の200万種ですが、まだ見つかっていない種がたくさんいます。

知られていない生きものが、あとどれくらいいるのかは、だれにもわかりません。ぜんぶで1000万種になるという人もいれば、4000万種以上という人もいます。

あなたは自分の町に何種の生きものがいるか、かぞえられるかな？

生きものは、イヌやネコ、カラスといった、大きな動物だけではありませんよね。

道ばたの草むらには、何種の草があるでしょう？　その草の上にも、根もとの土にも、いろいろな虫がいます。微生物（5のなぞ参照）は、もっとたくさんいます。生きものの数をかぞえるのは、かんたんではありませんね。

昆虫は、まだ見つかっていない種のほうが、ずっと多いといわれています。今知られているのは100万種です。つまり、地球

48

上の半分の種は昆虫なのです。

わたしたちは「哺乳類」の「人」です（1のなぞ参照）。哺乳類は4000種が知られています。新しく発見されるとニュースになるくらいに、哺乳類はよく知られています。

今、地球上には65億をこえる人がいますが、人はみな同じ、1つの種です。

50

12 のなぞ

砂漠の砂をひとにぎり。この中に、生きものは何匹くらいいるの？

① ほとんどいない　② 10　③ 1万　④ 100万

12 のなぞのこたえ ④

生きものが生きていくには、砂漠は暑すぎるし、かわきすぎてもいます。それでも、ひとにぎりの砂の中に100万匹もの微生物（5のなぞ参照）が見つかるそうです。

庭の土ひとにぎりの中には、きっと、もっとたくさんの生きものがいるでしょう。

最初の生きものがうまれてから38億年たった今、生きものは地球上のいたるところにすむようになったのです。

⑬のなぞ

どうして魚は、水の中でも息が苦しくならないの？

13 のなぞのこたえ 魚の体が、水の中で息をするようにできているからです。空気中だと、かえって、息が苦しくなります。

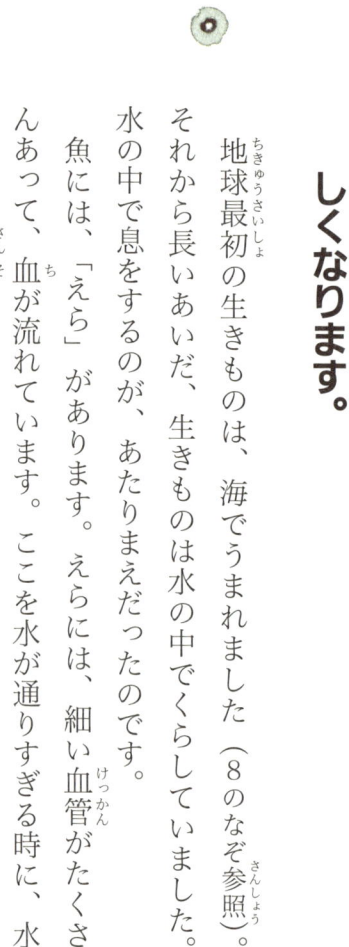

地球最初の生きものは、海でうまれました（8のなぞ参照）。それから長いあいだ、生きものは水の中でくらしていました。水の中で息をするのが、あたりまえだったのです。

魚には、「えら」があります。えらには、細い血管がたくさんあって、血が流れています。ここを水が通りすぎる時に、水にとけた酸素が血にとりこまれます。こうして魚は、水の中で息をするのです。

ところで、魚の体には「浮袋」があります。ういたりしずんだりするのに使う、空気の入った袋です。これがのちに、「肺」になりました。肺をもつ魚が、今から3億8000万年前にあらわれました。肺にも、細い血管がたくさんあって、空気中の酸素を血の中にとりこみます。このおかげで、水の外で息ができるよ

うになり、長いあいだ水の中でくらしていた動物たちが、陸にあがることができるようになったのです。

空気中で息をするようになった動物は、こんどは、水の中で息ができなくなりました。わたしたち哺乳類がそうです。

あなたは、泳げるかな？　わたしは息つぎがじょうずにできなくて、なかなか泳げるようになりませんでした。

イルカやクジラは、海にもどった哺乳類なので、わたしたちのように、ときどき海面にあがって、息つぎをしなくてはなりません。

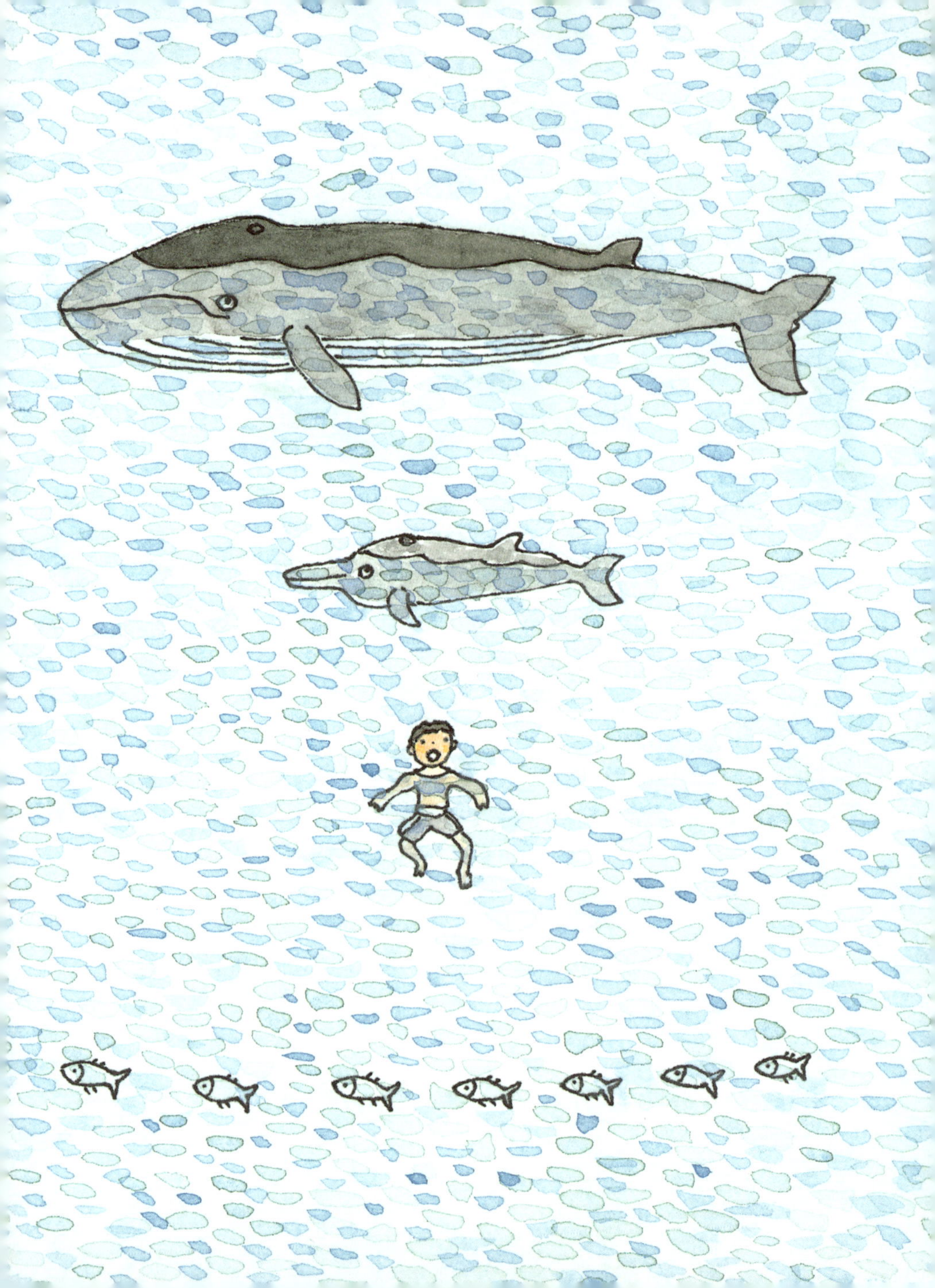

14 のなぞ

南極にくらすペンギンは、どうして、しもやけにならないの?

「ううん、はだし」

「それって、くつ?」

14 のなぞのこたえ　体が、寒さに強くできているからです。

海から陸にあがった生きものたちは、はじめ、あたたかいところでくらしていました。けれど、やがて、新しいすみかを求めて、広がっていきました。そうして広がっていきながら、新しいすみかにあうように、体も変化していったのです。

南極の冬は、ときにマイナス60度にもなります。花が、さいたままおってしまう寒さです。そんなところでも、エンペラーペンギンは、たまごをうんで、子どもを育てます。

ペンギンの体は、羽毛につつまれています。いつも、あたたかいセーターをきているようなものですね。海の中でも、羽毛が水をはじき、体のまわりの空気をしっかりととじこめてくれるので、寒くありません。

では、羽毛のない足はどうなるのでしょう？わたしたちが素足で氷の上に立っていたら、まちがいなく、

しもやけになってしまいます。それは、人の足があたたかいからです。あたたかいのは、そこにあたたかい血が流れているからです。
　ペンギンはどうかというと、足にむかって流れる血が、少しずつ、冷たくなるしくみになっています。冷たい足なら、氷の上でもへいきです。反対に、足から心臓にむかう血は、少しずつ、あたたまるようになっています。

たまごとひなは、こごえないように足の上
にのせて育てます。おなかのかわのおふと
んも、かぶせてあげますよ。

15のなぞ

「ぼく、モロクトカゲ。とげとげがごじまんさ」
このトカゲは、砂漠（さばく）と南極（なんきょく）、どちらにすんでいると思う？

とげとげファッションがヒントだよ。

15 のなぞのこたえ　砂漠です。

モロクトカゲのとげとげの体は、空気にふれる部分が大きいので、体の熱をうまくにがすことができます。砂漠のように暑いところでくらすのに、便利ですね。反対に、南極のような寒いところでは、すぐにこごえてしまうでしょう。寒いところでは、でっぱりのない、まるい体のほうがいいのです。

ところで、砂漠でいちばんの問題は、水です。生きものはもともと海でうまれました。陸にあがっても、水なしでは生きられません。

砂漠の生きものには、モロクトカゲのほかにも、サボテンなど、とげとげした生きものがたくさんいます。とげの多い体は、空気中にふくまれている水を集めるのに、便利なのです。

砂漠は、ただ暑いだけではありません。日がしずむと、きゅうに寒くなります。空気にふくまれていた水は、気温がさがると、つゆになって、とがったものの先にくっつきます。

モロクトカゲのとげの先についたつゆは、とげをつたって、とげととげのあいだにあるみぞにたまります。すると、それが口にむかって流れだすそうです。体についたつゆが、しぜんと口にとどくように、みぞがついているのです。

生きものは、体の形を見ると、どんなところにすんでいるかがわかるくらい、すみかにあった体をもっているのですね。

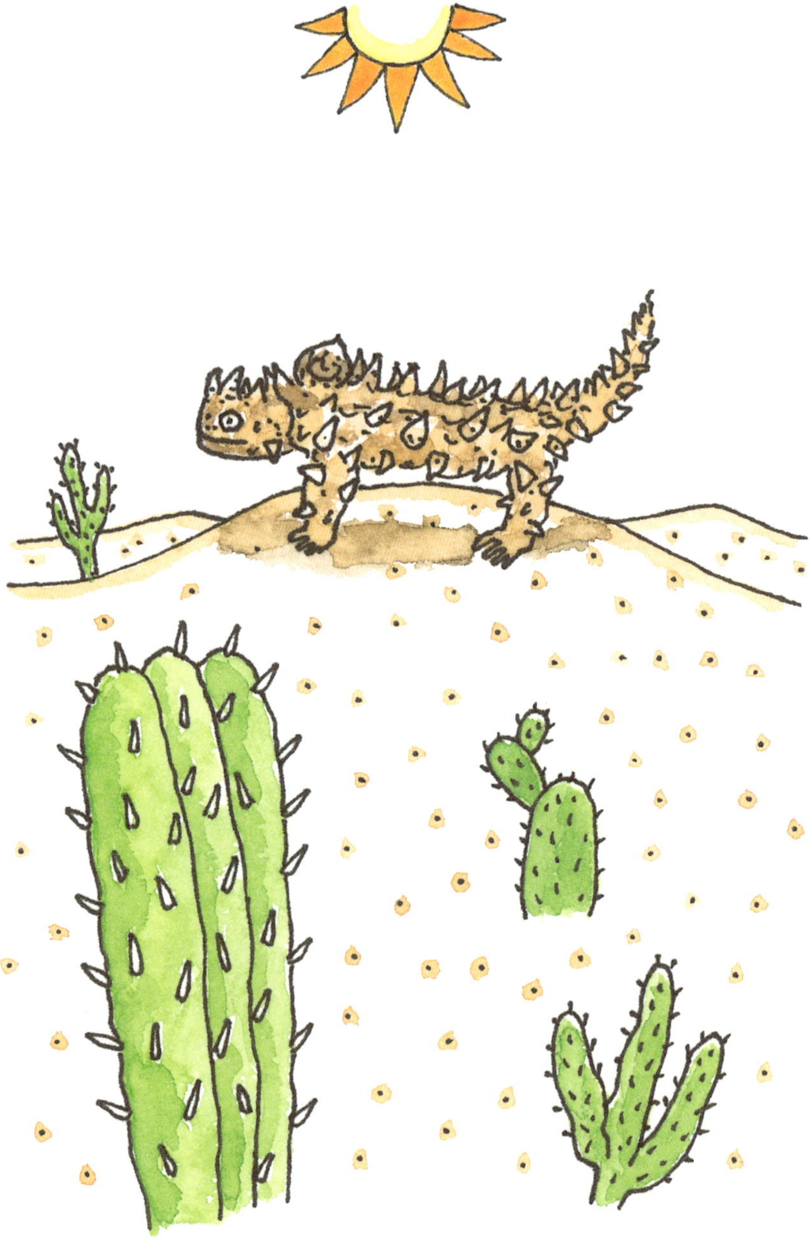

16のなぞ タンポポの種(たね)には、どうして綿毛(わたげ)があるの？

16 のなぞのこたえ　新しいすみかに、飛んでいくためです。

タンポポの綿毛は雨の日にはとじていて、晴れるとひらき、風にのる準備をします。

タンポポは、花の時と、種になった時とで、せたけがちがいます。どちらがせいたかのっぽかな？　すこしでも高いところから飛びたてば、その分、遠くまで飛べるかもしれませんよ。

では、どうして遠くに飛ぼうとするのでしょう？

もしも種がすぐ下に落ちて、すべての子どもが親の近くで育ったら、どうなるでしょう？

場所のとりあいがおきるし、水や養分のとりあいもおきます。日の光も必要だから、光のとりあいだっておきるでしょう。そうすると、けっきょく、どれもじゅうぶんに育たないかもしれません。そこでタンポポは、子どもである種を風にのせて飛ばすことにしたのです。

知らない場所に飛んでいくのは、きっと、ぼうけんにちがい

ありません。土のないところに落ちるかもしれないし、クモの巣にひっかかってしまうかもしれませんよね。それでも、生きる場所を求めて、植物の種は旅にでるのです。

旅の方法は、いろいろです。センダングサの種は、けものや、だれかさんのズボンやくつ下にくっついてはこばれます。カラスノエンドウの種は、パンッとはじけ飛びます。グミや、キイチゴの種は、おいしい実の中にいて、鳥や動物に食べてもらってはこばれます。

空飛ぶ種には、タンポポのほかに、何があるかな？あなたの知っている種は、どんなふうに旅をしているでしょう。

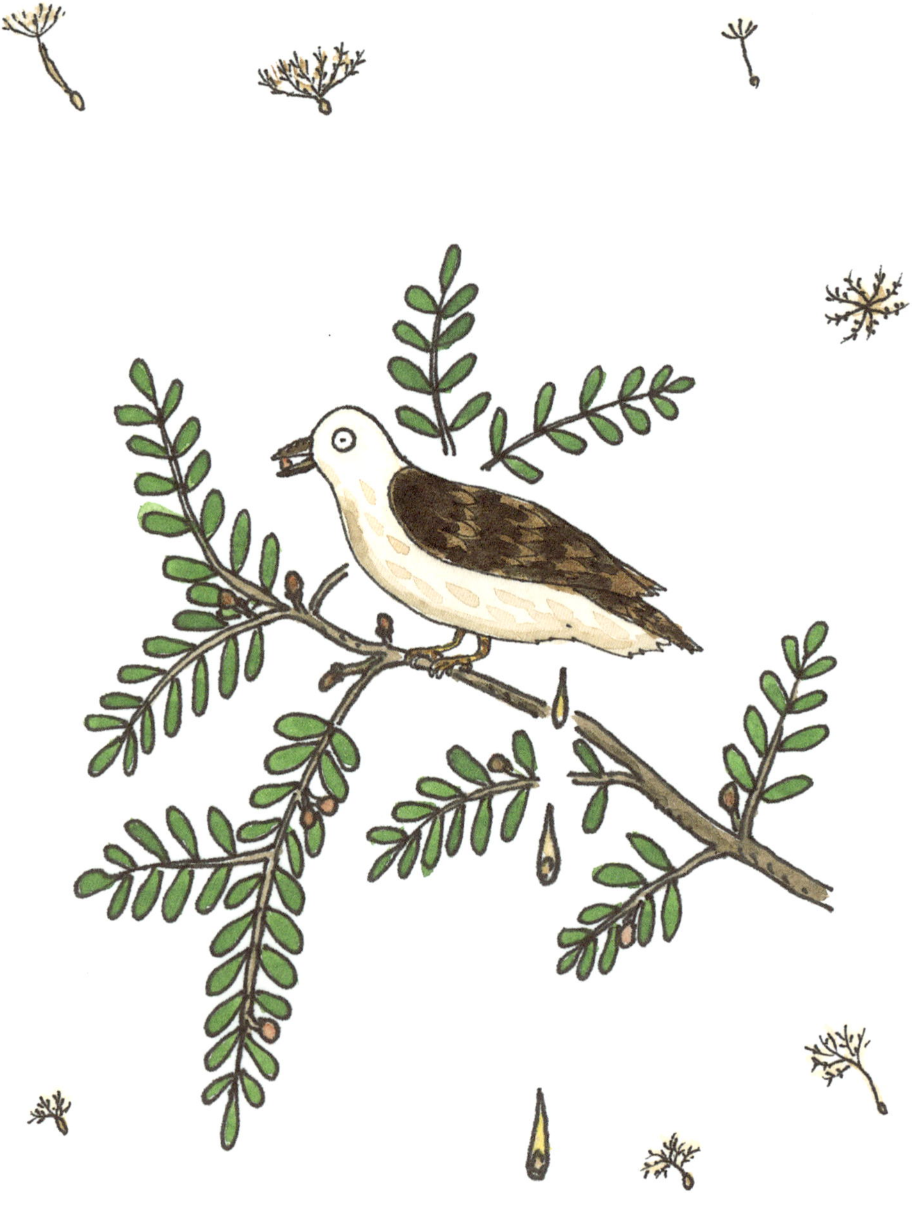

17 のなぞ 空飛ぶたまごって、ある？

17のなぞのこたえ　たぶん、ないと思います。飛ばされることはあっても、自分から飛んでいくたまごはないでしょう。

植物やキノコは、はえたところから動くことができませんね。そこで、新しいすみかを見つけるために、種や胞子を、遠くにおくりだす工夫をしているのです。

たまごをうむのはだれでしょう？　動物ですよね。「動物」というのは「動くもの」という意味です。動物は、たまごを飛ばさなくても、新しいすみかを、自分でさがしにいけるのです。

18 のなぞ

夏になるとやってきて、秋になるといなくなるツバメたち。
冬のあいだは、どこにいるの?

18 のなぞのこたえ　暑い南のほうにいます。

ツバメは暑いところがすきなので、冬になると日本にやってきて、春がくると、シベリアなど、もっと北のほうに飛んでいきます。こんなふうに、季節によってひっこしすることを「渡り」といいます。このほかにも、カモメやカモなど、わたしたちが日本で見かける鳥の多くが、「渡り」をするものがいます。昆虫にも、北米大陸を南北にいききするオオカバマダラというチョウのように、「渡り」をするものがいます。すみやすい場所を求めて移動することが、わたしたち動物の大きな特徴なのです。

⑲ のなぞ

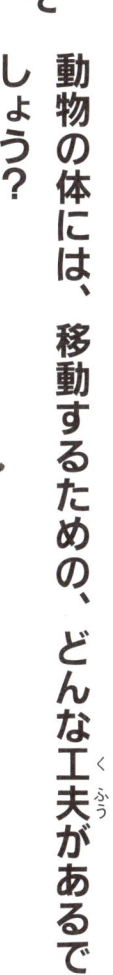

動物の体には、移動するための、どんな工夫があるでしょう？

19 のなぞのこたえ しっぽや、ひれ、足、翼、羽、それから鞭毛（べんもう）や繊毛（せんもう）など、いろいろあります。

生きものははじめ、水の中でくらしていました。あなたが水の中でどちらかにいきたくなったら、どうするかな？ きっと、手や足をばたばたさせますよね。ほかの生きものたちも、同じようなことをします。

ゾウリムシやミドリムシは、池などの水中にくらす微生物（びせいぶつ）で、体に毛をはやしています。ゾウリムシには繊毛とよばれる短い毛が何万本もありますし、ミドリムシは鞭毛とよばれる1本から数本の長い毛をもっています。どちらも、これらの毛を波うたせて、水の中を移動（いどう）します。

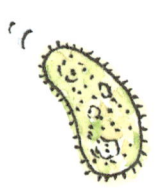

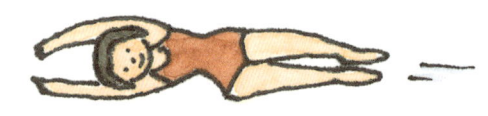

しっぽやひれで泳ぐものもいます。魚、イルカ、ワニ、ビーバー、カエルのあかちゃん……つまり、オタマジャクシ。まだほかにも、たくさんいますね。

泳ぐ方法は、これだけではありません。タコやイカ、ホタテガイなどは、体にとりこんだ水を一気にはきだして、ジェット噴射ですすみます。ウミウシは、「がいとう膜」という、体のふちにひらべったくなった部分があって、それをひらひらさせて泳ぎます。

では、陸上の動物たちは、どんな方法で移動しているでしょう？ あなただったらどうするかな。足を使う？ 足の使いかたにも、いろいろありますね。4本足で歩いたり、走ったり、後ろ足でジャンプしたり、手足でつかまってよじのぼったり、枝から枝に、ぶらさがってすすんだり。

どんな動物が思いうかんだかな？ 2本足や8本足で歩くものもいますね。100本足もいますよ。ムカデを見たことはあるかな？ あんなにたくさんの足があって、よくこんがらがらずに歩けますよね。

ムツゴロウという魚は、海の水がひいた干潟を、前びれを使ってじょうずにすすむことができます。その姿は、まるで、両手をついているみたいです。じつは、魚のひれが変化して、両生類（カエルの仲間）や、爬虫類（ワニの仲間）、そしてわたしたち哺乳類の手足になったと考えられています。鳥やコウモリの翼は、それらの手が、さらに変化してできたものです。手足と

76

ひれ、翼の骨組みを見ると、とてもよく似ているのです。動物は水中を移動するための工夫を、少しずつ変化させて、陸上や空中で移動するようになったのですね。

昆虫の足や羽は、魚のひれから進化したわけではありません。でも、ゲンゴロウの足は、ちょっとひれみたいですね。アメンボの足は、水面にうかんで、つつつつつっと、すべってすすみます。こういう足は、昆虫以外の動物には見あたりません。

移動のしかたはさまざまですが、すべての工夫にあてはまることが、ひとつあります。それは、「筋肉」を使うことです。ヘビや、カタツムリも、筋肉を使って移動しますし、全身の形を変えながら移動するアメーバも、筋肉と同じしくみを使っています。

もちろん、わたしたちが、かけ足したり、スキップしたり、おどったりする時も、筋肉は大かつやくしています。

20 のなぞ

次の中で、空を飛ぶ動物はいるでしょうか？

① クモ　② トカゲ　③ 魚　④ ネズミ

20 のなぞのこたえ

はい。すべての動物に、空を飛ぶ仲間がいます。

空を飛ぶ動物といえば、鳥や昆虫ですよね。でも、それ以外の動物にも、空を飛ぶものがいます。翼も羽もないのに、どうやって飛ぶのでしょう。

①クモの糸が飛んでいくのを見たことはあるかな？　よく見たら、その先にクモがいたかもしれませんよ。たくさんの種類のクモが空を飛びます。おしりから糸をふきながして、空に飛びあがり、風にのって旅をするのです。なんと、地上5000m、飛行機の飛ぶ高さでつかまえられたクモの子もいるそうですよ。

②トビトカゲは、前足と後ろ足のあいだの皮膚(ひふ)を広げて、紙飛行機のように飛びます。トビトカゲはフィリピン、マレーシアなど、東南(とうなん)アジアのジャングルにすんでいます。ざんねんながら日本では見られませんね。

③魚であるトビウオの胸びれは、羽のように大きくなっています。これを広げて、海の上を飛びます。

④モモンガやムササビは、ネズミの仲間です。どちらも②のトビトカゲのように、前足と後ろ足のあいだの膜を広げて、紙飛行機のように飛びます。

鳥のようにはばたきながら空を飛ぶ哺乳類は、コウモリだけです。コウモリの前足は、翼になっています。

コウモリは町の中でも見られることがあります。夕方の空を注意して見てみましょう。ひらひらと、鳥よりせわしなくジグザグに飛ぶものがいたら、コウモリかもしれませんよ。

ほかにも、ヒヨケザルとよばれる空を飛ぶ動物が東南アジアにすんでいます。モモンガのように、足のあいだの膜を広げて飛びます。

人は、自分では空を飛ぶことができません。そこで、空を飛ぶために、さまざまな工夫をしてきました。

21 のなぞ　生きものは、なぜ巣をつくるの？

㉑ のなぞのこたえ　今いる場所を、もっと、くらしやすくするためです。

生きものは、新しいすみかをさがし、環境にあわせて体を変化させてきただけではありません。逆に、環境を自分にあわせて変化させたりもするのです。

夏の暑い時、イヌが地面をほって、ひんやりした土の上にねそべっているのを見たことはあるかな？　これも、すごしやすくするための工夫ですよね。

もっと大がかりな工夫もあります。

サバンナにすむシロアリの仲間には、1センチたらずの体で、高さ10メートルもの巣（アリ塚）をつくるものがいます。昼間にサバンナの日なたにおかれたシロアリは、暑さで生きていくことができません。夜は反対にきゅうに寒くなります。けれどもアリ塚には温度を調節するためのしくみがあって、中の気温は一定に保たれています。こうしてシロアリは、すめないはずの場所でくらすことができるのです。

ビーバーという名前はきいたことがあるかな？アメリカにすむ、泳ぎのじょうずな動物で、大きな木でも、じょうぶな歯できりたおしてしまいます。ビーバーは、この木でダムをつくります。ちょろちょろと流れつづける小川をせき止めて、あふれる水をためておけるように、木と石で囲いをつくり、水がもれないように、どろと草をまぜたものをつみあげます。こうして、細い小川しかなかったところに、学校のプール数百ぱい分もの大きな湖をつくりあげてしまうのです。それから湖の中央に、木とどろをつみあげて、中に巣をつくります。入り口は水の中ですから、よほど泳ぎのじょうずなものでなければ、やってきません。このダムのおかげで、ビーバーは、安心して子どもを育てることができるのです。巣の中は冬でもあたたかく、食べものもたくわえてあります。

巣は、きびしい環境や外敵などから、たまごと子どもや自分たちの身をまもったり、食べものをたくわえたりするための工夫なのです。クモの巣のように、えものをつかまえるためのわなもあります。

あなたはどんな巣を知っているかな？ カラスやツバメの巣は見たことある？ ハチの巣はどうでしょう。たくさんの鳥や昆虫が、たまごをうんで子どもを育てるために巣をつくります。

人は、世界中のさまざまな環境でくらしています。暑い土地の家には、できるだけすずしくする工夫が、寒い土地の家には、あたたかくすごすための工夫があります。雪が多いところの家には、どんな工夫があるでしょう。
あなたは、どんな家にすんでいるかな？あなたの家には、すみやすくするための、どんな工夫がしてあるでしょう？

第3章　すべての人に　お母(かぁ)さんがいる

すべての人に お母(かあ)さんが いる
お母さんにも お母さんが いる
お母さんの お母さんの そのまた お母さんの……
お母さんを ずうっと たどっていったら
いつか おおむかし
あなたと わたしの ご先祖(せんぞ)は
同じ お母さんの 子どもたち

それから もっと お母さんを たどっていったら

小指のつめより 小さな アリや

広場の 大きな イチョウの木とも

はるか はるか おおむかし

わたしたちは きょうだいだった

22 のなぞ　お母(かあ)さんがいない人って、いる?

22 のなぞのこたえ　いいえ、すべての人に、お母さんがいます。

お母さんだけではありません。すべての人に、お父さんとお母さんがいます。お父さんやお母さんを知らずに育った人も、同じです。

あなたがうまれてここにいるということは、お父さんとお母さんの二人がいたということです。その二人にも、お父さんとお母さんがいますよね。

一人（ひとり）の人がうまれるもとには、たくさんの先祖（せんぞ）がいるのです。どれくらいたくさんなのでしょう？

あなたのおじいさんとおばあさんは、あわせて4人です。
ひいおじいさんとおばあさんは、あわせて8人。
ひいひいおじいさんとおばあさんは、あわせて16人。
ひいひいひいおじいさんとおばあさんは、あわせて32人。
こんなふうに、「ひい」がひとつつくたびに、人数が2倍になっていきます。
それだけの人たちがいて、はじめてわたしたちは、うまれてくることができたのですね。

23 のなぞ

あなたの、ひいひいひいひいひいひいひいひいひいひいおじいさんとおばあさんは、あわせて何人でしょう？

23 のなぞのこたえ

「ひい」が10個だから、4人に2を10回かけて最大で4096人です。

「最大」というのは、「いちばん多くて」ということです。では、4096人より少なくなるのはどんな時でしょう？

それは、お父さんの先祖の中に、お母さんの先祖でもある人がいた時です。これは、めずらしいことではありません。あなたの10個「ひい」がつくおじいさんやおばあさんは、江戸時代に生きていました。今より、人の数が、ずっとずっと、少なかった時代です。すると、あなたの先祖の中に、あなたの友だちの先祖がいたとしても、ちっともふしぎはありませんよね。

先祖をずっとたどっていくと、わたしたちはみんな、どこかでつながっているのです。

98

24 のなぞ

お母さんの、お母さんの、お母さんの……、このままずうっと、お母さんをさかのぼると、だれにいきつくの?

24 のなぞのこたえ　地球最初の生きものです。

今、地球にいる数千万種の生きもの（11のなぞ参照）は、すべて同じ生きものからうまれてきたといわれています。

地球で最初にうまれた生きものが何かは、ほんとうのところはわかりません（9のなぞ参照）。それがひとりぼっちでうまれたのか、仲間といっしょにうまれたのかも、わかりません。けれども、おそらく、その生きものが長い年月のあいだに「進化」して、さまざまな生きものがうまれたのです。人も、そのひとつです。

世界中の人たちとはもちろんのこと、あらゆる生きものと、わたしたちはきょうだいのようなものなのです。

25 のなぞ 進化って、なあに？

25 のなぞのこたえ　親から子へ、うけつがれる「変化」のことです。

変わることを、「変化」といいます。生きているものは、変化しつづけています。

たとえば、ある人が練習をして、たくさんの漢字が書けるようになったり、サッカーがじょうずになることも、変化です。

けれど、この変化は、その人の子どもには伝わりません。その人の子どもが、自分自身でもいっしょうけんめい練習しないと、漢字が書けたり、サッカーがうまくなったりはしないですよね。

こういう変化は、進化といいません。

でも今から1億数千万年前、恐竜の中に、羽毛をもったものがあらわれました。こうして、鳥という新しい生きものがうまれたと考えられています。これは、進化でした。この変化は、子どもにうけつがれたのです。

魚の浮袋が肺になって、空気中で息ができるようになった変化（13のなぞ参照）も、進化です。これらの変化は、「遺伝子」の変化でもあったのです。

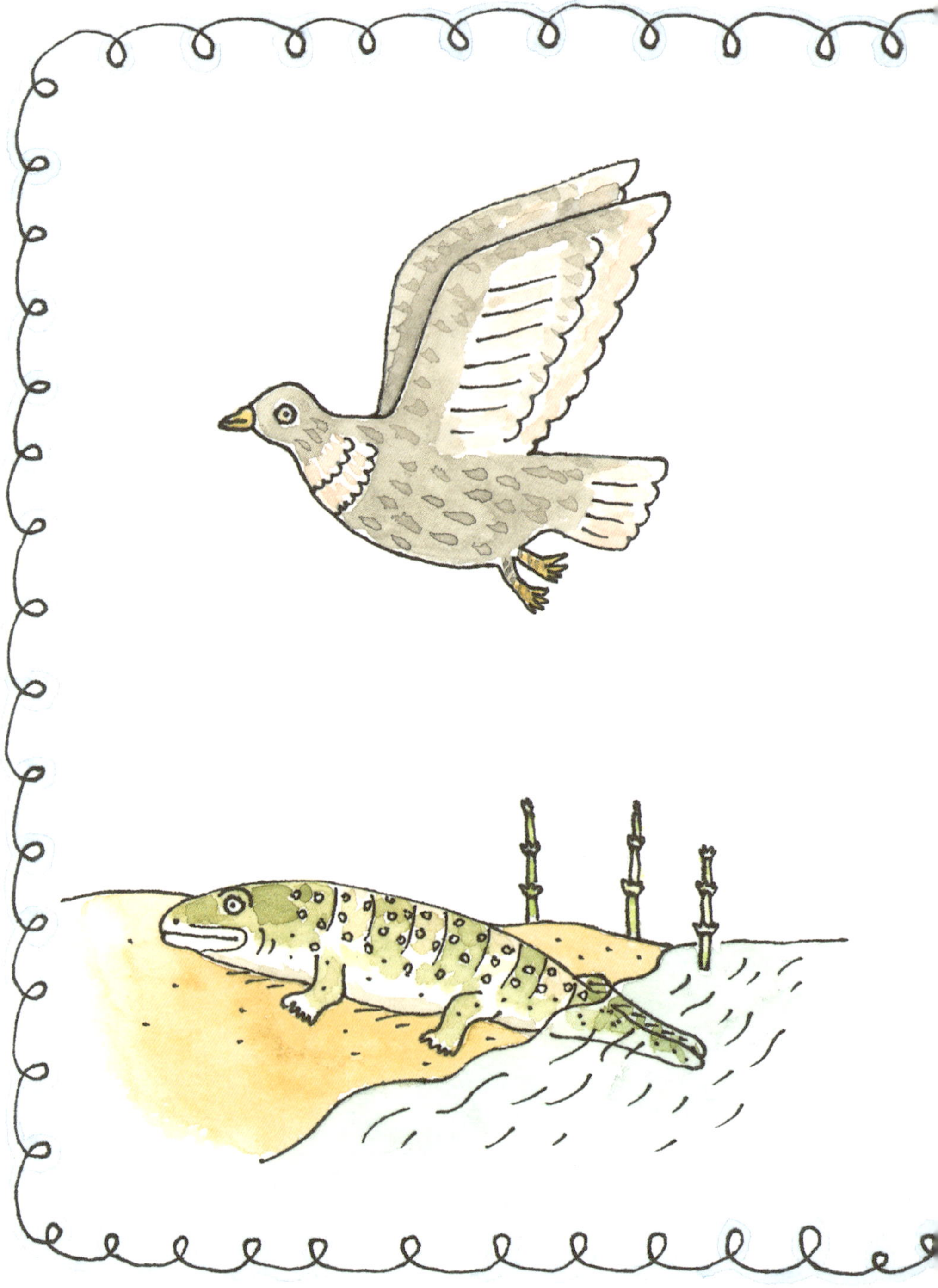

26 のなぞ 遺伝子(いでんし)って、なあに?

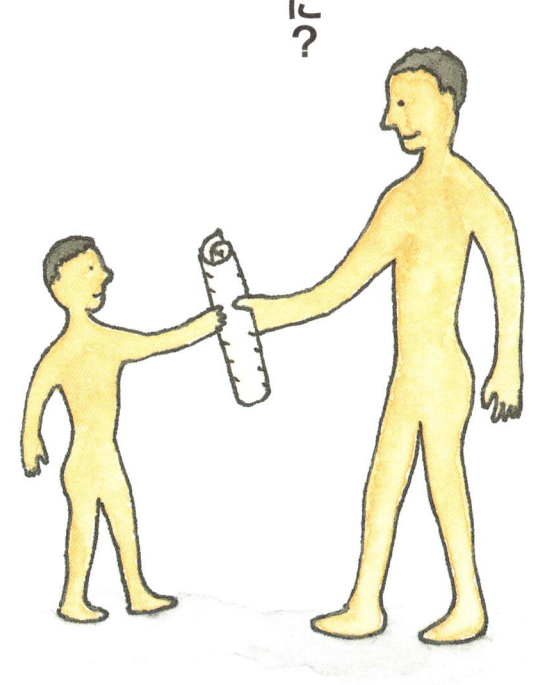

26 のなぞのこたえ　生きものの「設計図」です。

カッコウという鳥がいますね。カッコウは、自分のたまごを、自分では育てません。モズやヒバリなど、ほかの鳥の巣にあずけてしまうのです。

では、モズにあたためられたカッコウのたまごは、どうなるでしょう？　モズになってしまうでしょうか？

いいえ、ちゃんと、カッコウがうまれてきます。たまごの中には、カッコウになる設計図があったからです。

うまれてくるカッコウは、姿形だけですが、カッコウなのではありません。モズに育てられても、オスなら「カッコウ」とさえずりますし、ちゃんとカッコウのおよめさんやおむこさんをさがします。こんなふうに、設計図には、生きものの形だけでなく、行動もかかれています。

設計図である遺伝子は、親から子にうけつがれます。そして、遺伝子を変えるような変化が「進化」になるのです。

育ててくれるオオヨシキリより大きくなってしまったカッコウのヒナ

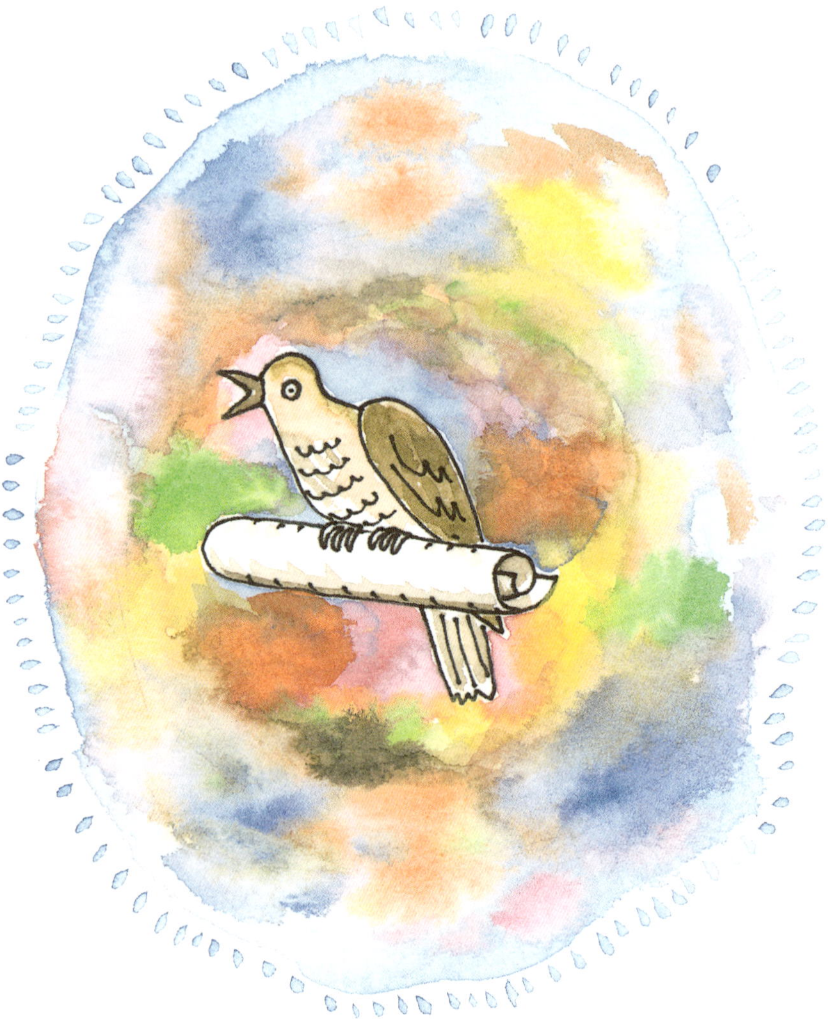

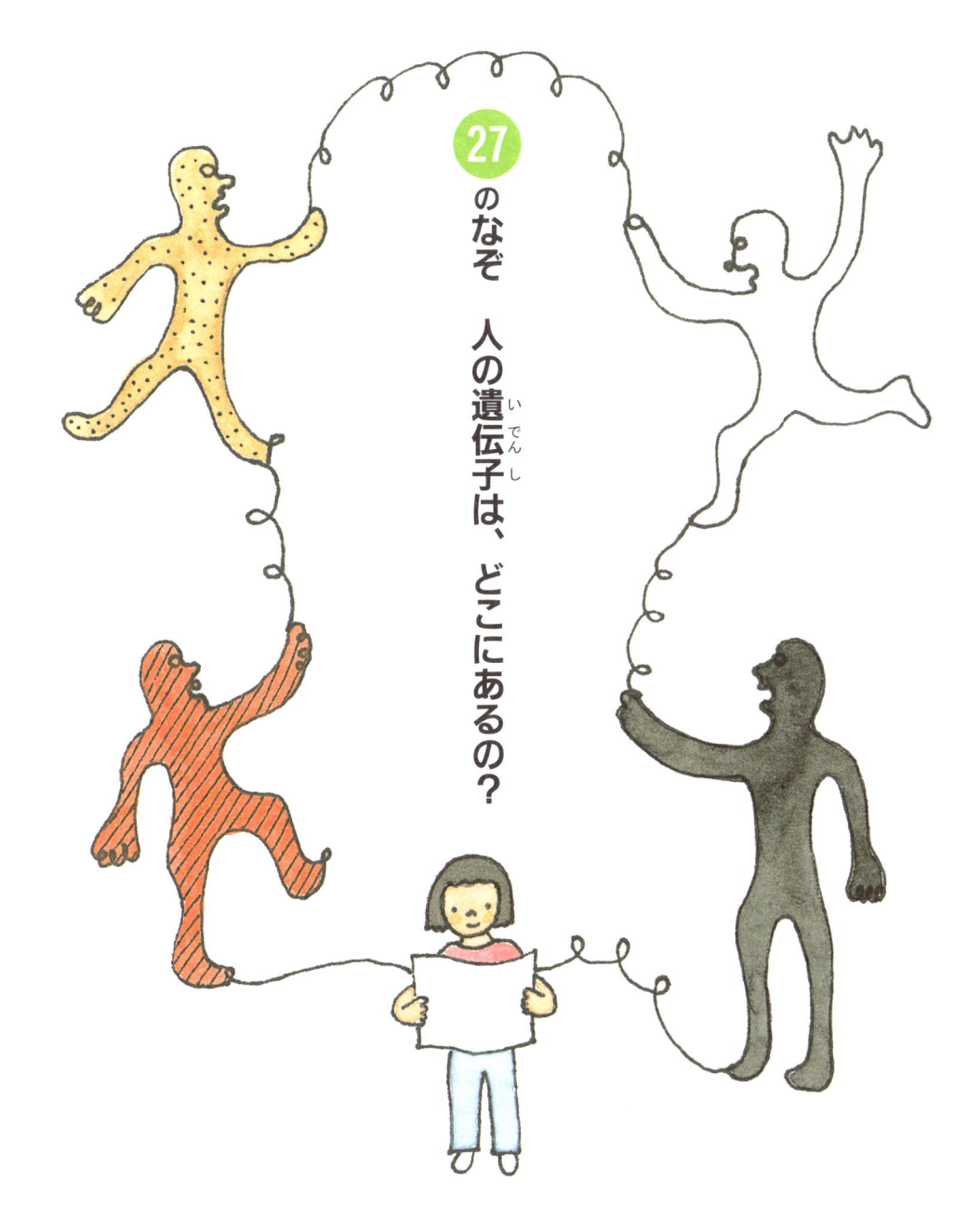

27 のなぞ 人の遺伝子(いでんし)は、どこにあるの？

27 のなぞのこたえ すべての細胞の中に、たいせつにしまわれています。

すると、設計図は1つではない、ということでしょうか。そうなのです。あなたの体である60兆もの細胞（10のなぞ参照）すべてに、同じ設計図が、1つずつ入っているのです。

目に見えないくらいに小さな細胞の中にあるのですから、遺伝子は、ずいぶん小さなものですね。それでも、くわしく調べてみると、ちょうど4色のビーズをつないでつくった、ひものようなものだということがわかってきました。

4種類のビーズがどんな順番にならんでいるかが、「暗号」になっていて、「目の色は黒」だとか「髪はくせっ毛」などという意味になるのです。

111

ビーズのひもは2本あって、おたがいにまきつきあっています。それがさらに、ばねのようにくるくるとまかれて、おりたたまれたものが、「染色体」です。人の設計図は、46本の染色体でできています。これが細胞の中の、「核」とよばれる特別な部屋に、たいせつにしまわれているのです。

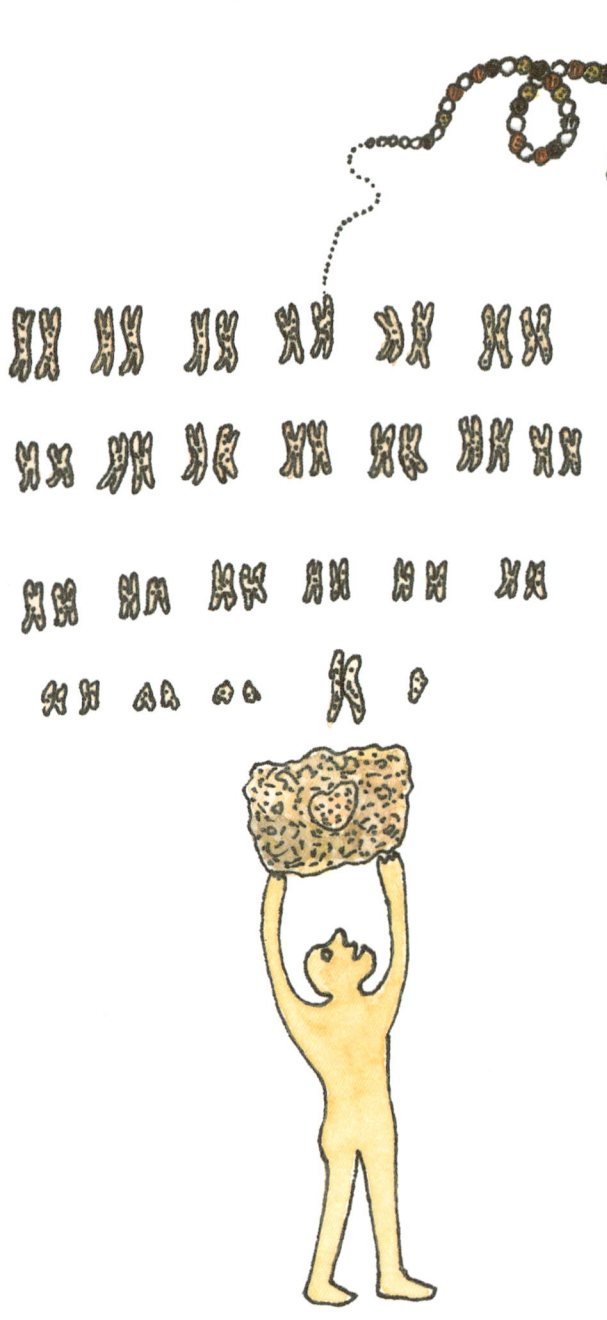

28のなぞ　人にも、えらやしっぽができるって、ほんとう？

28 のなぞのこたえ　ほんとうです。

人は「哺乳類」です（1のなぞ参照）。哺乳類は、爬虫類から進化しました。爬虫類には、トカゲや、ワニ、恐竜などがいます。みんな、しっぽがありますね。

爬虫類は、両生類から進化しました。両生類は、カエルの仲間です。これは、魚から進化しました。魚にも、うまれたばかりの両生類にも、えらがあります。

人は、えらのある動物や、しっぽのある動物から、進化したのです。そのことが、もしかしたら、遺伝子のどこかにかかれているのでしょうか。

人はお母さんのおなかの中で、たまごから、しだいに人の姿になっていく時に、えらができ、しっぽもできるのです。まるで、お母さんのおなかの中で、細胞1つでできた生きものから、人になるまでを、進化しなおすみたいですね。

もちろん、うまれるまでには、えらがとじ、しっぽも短くな

ります。「尾てい骨」というおしりの骨は、短くなったしっぽのあとなのです。

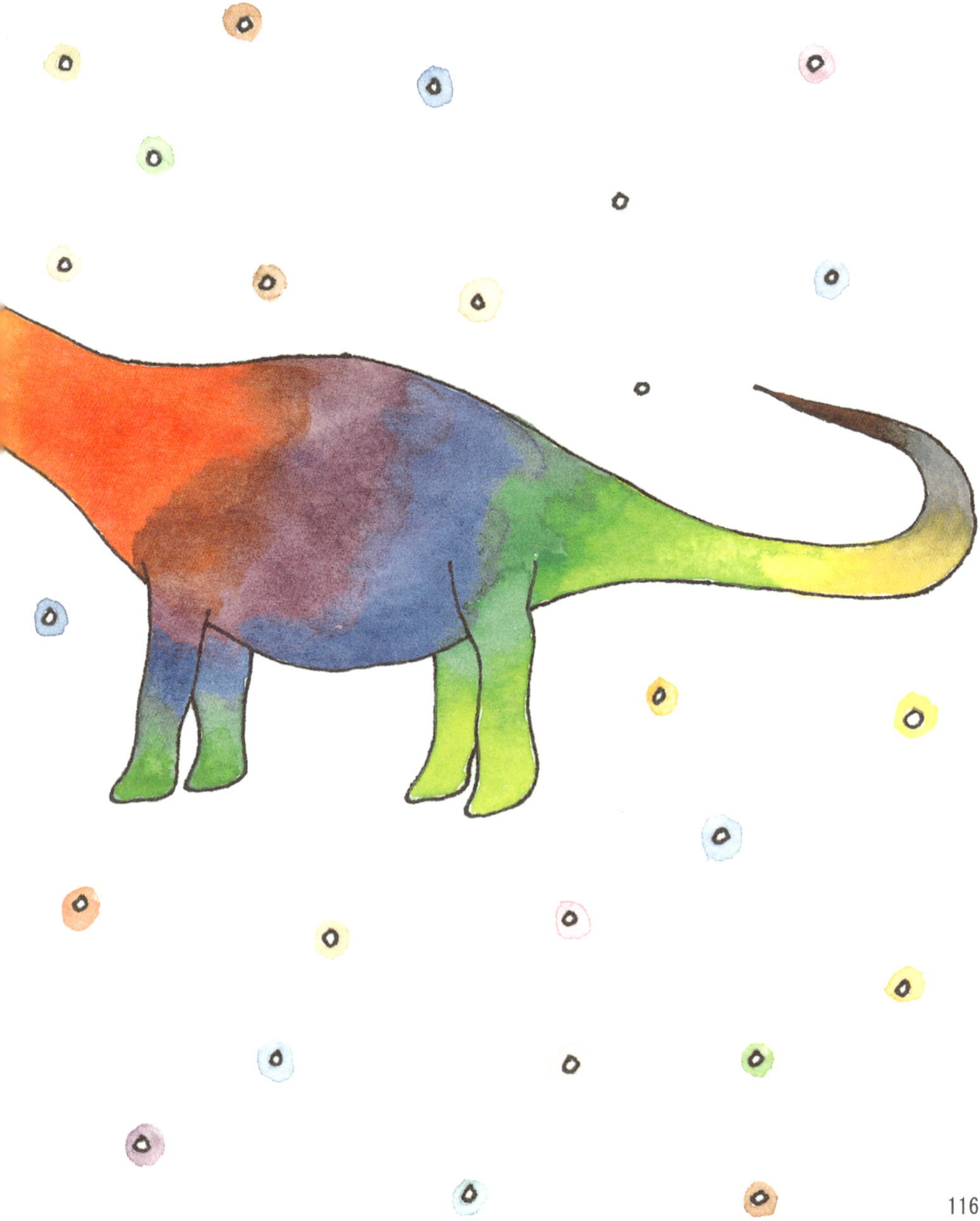

29 のなぞ 人にいちばん近い生きものって、なあに？

29 のなぞのこたえ　チンパンジーです。

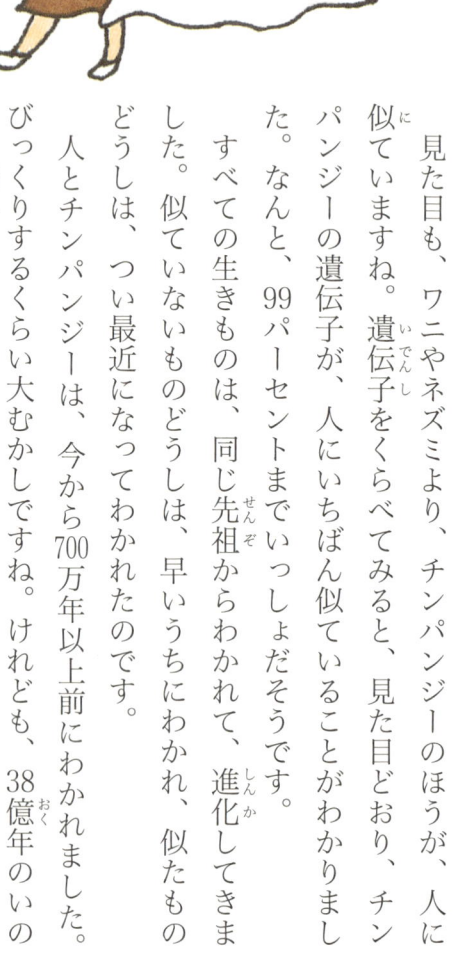

見た目も、ワニやネズミより、チンパンジーのほうが、人に似ていますね。遺伝子をくらべてみると、見た目どおり、チンパンジーの遺伝子が、人にいちばん似ていることがわかりました。なんと、99パーセントまでいっしょだそうです。

すべての生きものは、同じ先祖からわかれて、進化してきました。似ていないものどうしは、早いうちにわかれて、似たものどうしは、つい最近になってわかれたのです。

人とチンパンジーは、今から700万年以上前にわかれました。けれども、38億年のいのちの歴史の中では、ついこの前のことなのです。

30のなぞ 人は、いつから人になったの？

30 のなぞのこたえ 2本足で立って歩くようになった時から、とされています。

およそ400万年前、アフリカにアウストラロピテクスがあらわれました。猿人とよばれることもあるように、猿と人の、どちらにも似ていました。けれども、まちがいなく、わたしたちの遠い先祖です。

どうしてアウストラロピテクスが人の先祖だといえるのでしょう？

人のいちばんの特徴は、何でしょう？ 脳が大きいこと？ 火を使うこと？ それとも、ことばを使うこと？

アウストラロピテクスの脳は、今のゴリラと同じくらいしかありませんでしたし、火を使ったようすもありません。ことばをもっていたかどうかは、わかりません。
アウストラロピテクスが人の先祖とされたのは、骨の形などから、2本足で立って歩いたことがわかったからです。チンパンジーも2本足で歩くことはありますが、人のように足から頭までがまっすぐ立った姿勢にはなりません。

アフリカのタンザニアで、360万年前のアウストラロピテクスの足あとが見つかっています。よりそうような大小の足あとと、もっと小さな足あとです。子どもをつれたお父さんとお母さんだったのでしょうか。この足あとから、わたしたちと同じように２本足で立って歩いたことがわかります。

どうしてわたしたちの先祖が2本足で立って歩くようになったのか、まだ、はっきりとはわかっていません。けれども、そうすることで手が自由になり、道具をつくったり使ったりが、得意になっただろうといわれています。

やがて脳が大きくなり、仲間で力をあわせて、マンモスなどの大きなものを、つかまえられるようになりました。火を使うようになり、体の不自由な仲間のせわをしたり、死んだ人を土にうめたりしたこともわかっています。

今、いちばん古い人かもしれない化石は、およそ700万年前のものです。アフリカのチャドという国で見つかったので、『サヘラントロプス・チャデンシス』と名づけられました。ざんねんながらまだ足の骨などは見つかっておらず、2本足で立って歩いたかどうかはわかりません。

㉛ のなぞ　人は、今も進化(しんか)しているの？

31 のなぞのこたえ　はい、進化しています。

遺伝子の変化が、進化です。じつは、遺伝子はいつも、少しずつですが、変化しています。生きるのにこまるような変化はのこりませんが、そうでない変化は、のこされていきます。つまり、人は、進化しつづけているのです。

それは、だれにもわかりません。

30のなぞのこたえで、人の特徴を考えましたよね。では、今のわたしたちは、どんな生きものだと思いますか？　あなたに宇宙人の友だちができて、地球の「人」を説明するとしたら、何といったらいいでしょう？

そして、これから、どんなふうになったらいいと思うかな？　じっくり、考えてみましょう。

下の巻　なぞリスト

第4章　わたしって　何だろう
- ㉜　お母さんからうまれたのに、どうしてお父さんにも似ているのでしょう？
- ㉝　どこまでが「わたし」でしょう？
- ㉞　遺伝子を見れば、わたしのすべてがわかってしまうの？
- ㉟　この世に、わたしは一人だけ？
- ㊱　どうして自分がわかるのでしょう？
- ㊲　今日のわたしは、昨日のわたしと、どれだけちがうの？

第5章　いただきますと　ごちそうさまを　生きてるかぎり、くりかえす
- ㊳　わたしたちは、なぜ食べるの？
- ㊴　動物の食べものは、ひとことでいうと何でしょう？
- ㊵　植物も、何かを食べているの？
- ㊶　なぜ、わたしたちは、息をするの？
- ㊷　パンダがタケを食べすぎると、タケは全滅してしまうの？
- ㊸　人がたまごを食べすぎると、ニワトリは全滅してしまうの？

第6章　仲間のいない　生きものなんか、きっと　いない
- ㊹　まい年、何種の生きものが、地球から姿をけしているの？
- ㊺　なぜ、絶滅するの？
- ㊻　ひとり（1個体）しかいない種は、あるの？
- ㊼　人は、人だけで生きていける？
- ㊽　どうして、ことばがうまれたの？
- ㊾　どうして人は、ほかの生きもののことを知りたがるの？

第7章　うまれて　死んで、また　うまれて
- ㊿　死ぬって、どういうこと？
- 51　死なない生きものって、いるの？
- 52　寿命って、なあに？
- 53　どうして地球は、死がいだらけにならないの？
- 54　生きものが死ななくなったら、どうなるの？
- 55　不老不死の薬ができたら、どうする？

越智典子（おち のりこ）

1959年東京都生まれ。東京大学理学部生物学科卒業。絵本に『ピリカ、おかあさんへの旅』（平成19年児童福祉文化賞　沢田としき絵　福音館書店）、翻訳に『ちいさな ちいさな』（ニコラ・デイビス文　エミリー・サットン絵　ゴブリン書房）、『カシの木』（ゴードン・モリソン作　ほるぷ出版）、よみものに「ラビントットと空の魚」シリーズ（福音館書店）など多数。神奈川県在住。

沢田としき（さわだ としき）

1959年青森県生まれ。阿佐ヶ谷美術専門学校卒業。絵本に『アフリカの音』（1996年日本絵本賞　講談社）、『てではなそう　きらきら』（2002年日本絵本賞読者賞　さとうけいこ文　小学館）、『ちきゅうのうえで』（教育画劇）、『ピリカ、おかあさんへの旅』（平成19年児童福祉文化賞　越智典子文　福音館書店）など多数。2010年4月、白血病のため永眠。

この本をつくるにあたり、横須賀市立鷹取小学校、山口道子校長先生（当時）にたいへんお世話になりました。原稿を読んでくれた平成16年度5年生のみなさん、ありがとうございました。

いのちのなぞ　上の巻

2007年10月15日　第1刷発行
2016年 6月27日　第4刷発行

文／越智 典子
絵／沢田 としき

発行人／宮本功
発行所／朔北社
〒191-0041　東京都日野市南平5-28-1-1F
tel. 042-506-5350　fax. 042-506-6851
http://www.sakuhokusha.co.jp
振替 00140-4-567316

印刷・製本／中央精版印刷株式会社
落丁・乱丁本はお取りかえします。
© 2008 Noriko Ochi & Toshiki Sawada
120ページ　148mm×190mm　NDC460
Printed in Japan ISBN978-4-86085-061-6 C8045